服装手绘快速表现

FUZHUANG SHOUHUI KUAISU BIAOXIAN

陈 鑫 主编

薛 洁 张恒国 编著

中国纺织出版社

目录

一、概述

（一）服装设计和服装效果图

服装设计的具体概念是指围绕服装所展开的一系列创意、构思和实施性的创造活动，设计师先要根据构思绘制出效果图、平面图，再根据图纸进行制作，最终完成设计。其设计方案的主要内容包括：服装整体风格、主题、造型、色彩、面料、服饰品的配套设计等。同时对内结构设计、尺寸确定以及具体的裁剪缝制和加工工艺等也要进行周密严谨的考虑，以确保最终完成的作品能够充分体现最初的设计意图。

服装效果图是用于表达服装设计构思和工艺构思的效果与要求。绘制时要强调设计的新意，注重服装的着装具体形态以及细节表现，这样便于在制作过程中准确把握，以保证成衣都能完美地体现设计意图。

绘制服装效果图是表达设计构思的重要手段，因此服装设计者需要有良好的美术基础，这样便可以通过绘画手法来体现人体的着装效果。服装效果图被看做是衡量服装设计师创作能力、设计水平和艺术修养的重要标志，越来越多地引起设计者的普遍关注和重视。

（二）服装设计的原则

1.统一原则

在设计服装时，往往以调和为手段，以此达到整体效果和谐、统一的目的。在良好的服装设计中，在优秀的服装设计作品中，局部与局部之间、局部与整体之间各要素（质料、色彩、线条）的安排，应有一致性。形成统一最常用的方法就是重复，如重复地使用相同的色彩、线条等，这样就可以形成视觉上的统一。

2.趣味中心原则

设计中最好能使某一部分特别醒目，以形成设计上的趣味中心。这种趣味中心的设计，可以利用色彩的对比、不同质地面料的搭配、线条的安排、剪裁的特点及饰物的使用等形成。

3.平衡原则

平衡可分对称平衡和不对称平衡两种。前者是以人体中心的左右两部分完全相同。这种款式的服装有端正、庄严的感觉，但是处理不好会显得呆板。后者是感觉上的平衡，也就是衣服左右两部分在设计上虽不一样，但有平稳的感觉，这种平衡形式常以斜线设计达到目的，给人的感觉是优雅、柔顺。

4.比例原则

比例是指服装各部分之间的大小分配得当，例如口袋与衣身大小的关系、衣领的宽窄等。此外，对于饰物、附件等的大小比例，亦须重视。

5.韵律原则

韵律指有规律的重复，这种重复会产生柔和的动感。如色彩由深而浅、形状由大而小等渐变，线条、色彩等具有规则性重复的韵律，以及衣物上的飘带悬垂时所形成的韵律，都是设计上常用的手法。

在进行服装手绘表现时，要充分考虑到上述原则，这样才能更好地将设计图表现出来。

服装手绘效果图

（三）服装手绘快速表现的绘制工具

1.针管笔

针管笔的笔尖型号是按粗细来区分的，如0.3、0.5等。其笔尖呈圆柱形，所以画出来的线条均匀、清晰、明朗、肯定，很少出现粗细变化。在服装手绘快速表现中，针管笔的作用主要是画线描稿。针管笔和普通钢笔的效果较为接近，都可画出流畅的细线条，不过笔尖型号小的针管笔可以画出更细一些的线。普通钢笔、美工钢笔都可以用来画线描稿。

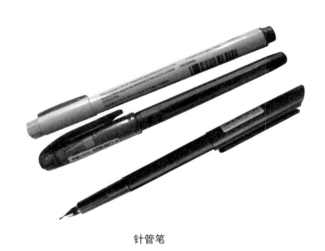

针管笔　　　　　　　　　　　　　　　　　　　　　针管笔画出的线描稿

2.马克笔

用马克笔绘制效果图，是服装手绘中较为快捷的一种表现形式。马克笔的颜色种类较丰富，每支笔都有不同的色彩编号，使用时可根据编号选择颜色，不需要调制颜色就可以表现出各种颜色的线条和块面。马克笔适合各种不同类型的纸张，有油性、酒精性和水性之分。

   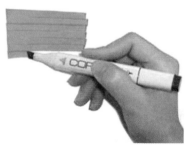

不同颜色的马克笔　　　　　马克笔的宽头部分　　　　　马克笔的垂直排线　　　　　马克笔的水平排线

马克笔的特点是简洁、明快，既可以画出明确的线条，又可通过密集的线条排列表现出大面积的色块变化。在用马克笔进行服装手绘快速表现时，多与针管笔、钢笔结合使用，一般先用针管笔画线描稿，再用马克笔进行着色。针管笔画出的线条是骨，马克笔画出的色彩是肉。作画时一定要有画面整体意识。

使用马克笔时下笔要干脆、利落，要注意对起笔、收笔力度的把握与控制。马克笔一般都是双头的，一端是较细的圆头，另一头是较宽的方头，可画出粗、中、细不同宽度的线条。通过不同的线条排列方式，可形成不同明暗的块面和笔触，有较强的表现力。马克笔的着色方法一般有平铺、叠加、留白几种表现形式。

平铺法：此法一般采用较宽的方笔头进行宽笔表现，作画时要组织好宽笔触并置的衔接。平铺时讲究对粗、中、细线条的运用与搭配，避免死板。

叠加法：马克笔的色可以层层叠加，叠加一般在前一遍色彩干透之后进行，这样可以避免叠加色彩不均匀和纸面起毛。颜色叠加一般是同色叠加使色彩加重。叠加还可以使一种色彩融入其他色调，产生第三种颜色。叠加时遍数不宜过多，否则会影响色彩的清新透明性。

留白法：马克笔笔触留白主要是反衬物体的高光亮面，反映光影变化，增加画面的活泼感。细长的笔触留白也称"飞白"，比如在表现地面、水面时常用。

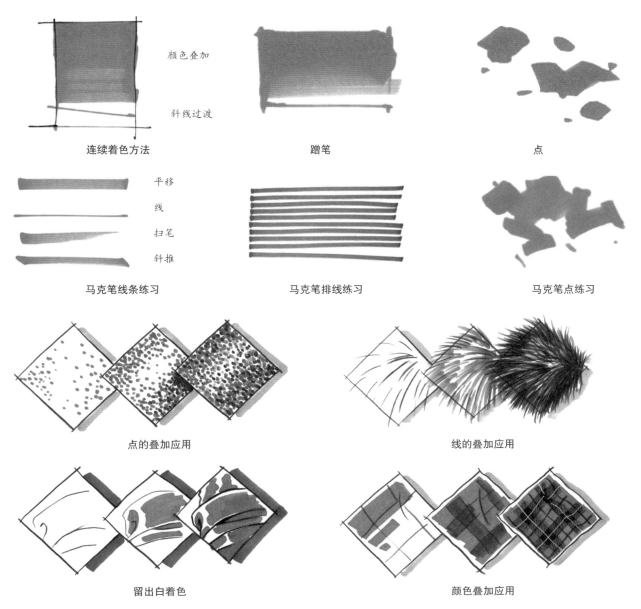

连续着色方法   蹭笔   点

颜色叠加

斜线过渡

平移
线
扫笔
斜推

马克笔线条练习   马克笔排线练习   马克笔点练习

点的叠加应用   线的叠加应用

留出白着色   颜色叠加应用

3.彩色铅笔

彩色铅笔质地细腻，颜色较全，一般有12色、24色、36色、48色、60色、72色之分，有些品牌还有更多的颜色。彩色铅笔可以通过层层叠加画出丰富的色彩变化和过渡层次，也可以用橡皮进行修改，所以较易掌握。它既可单独使用，也可以和马克笔结合起来使用。彩色铅笔分为水溶性和不溶性两种。

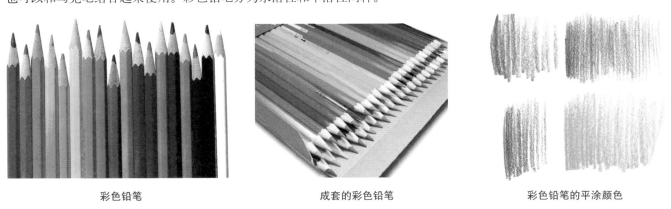

彩色铅笔   成套的彩色铅笔   彩色铅笔的平涂颜色

4.其他工具

除了上面介绍的几种工具外，很多绘画材料都可以用来画服装效果图，如水彩颜料、水粉颜料等。另外还要准备起稿用的铅笔、橡皮等。

（四）马克笔着色步骤

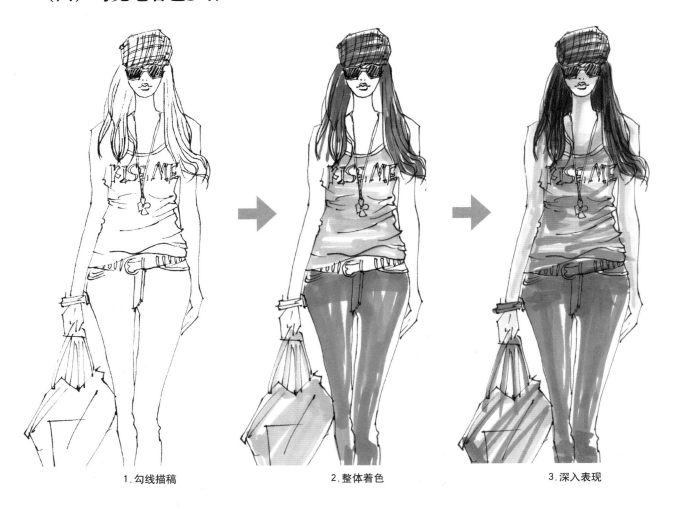

1.勾线描稿　　　　　2.整体着色　　　　　3.深入表现

（五）彩色铅笔着色步骤

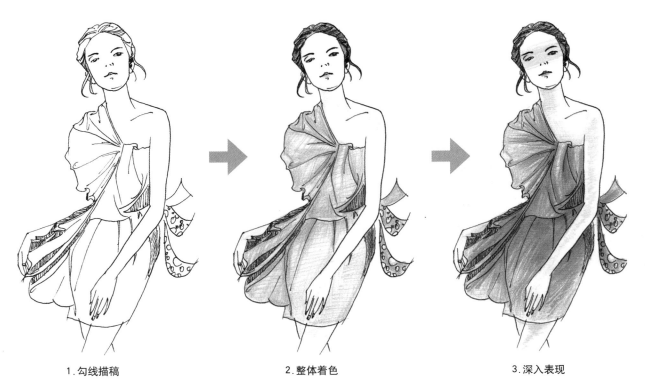

1.勾线描稿　　　　　2.整体着色　　　　　3.深入表现

二、人体的比例、结构和动态

（一）人体比例

要画好服装效果图，首先要了解人体的比例。正常人的身高比例一般为7或7个半头高。时装模特要比正常人比例高一些。在服装效果图中，一般将模特画成8个半或9个头高，甚至更高。下面介绍的模特身高比例为8个半头高。

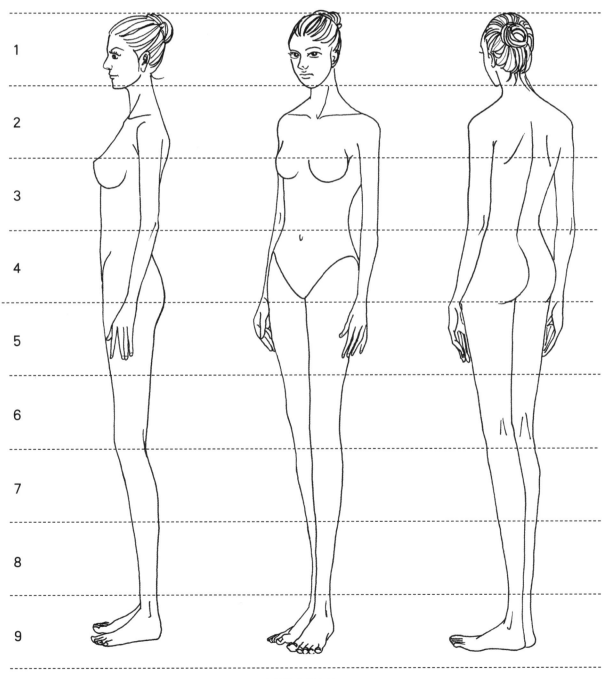

女模特身高比例

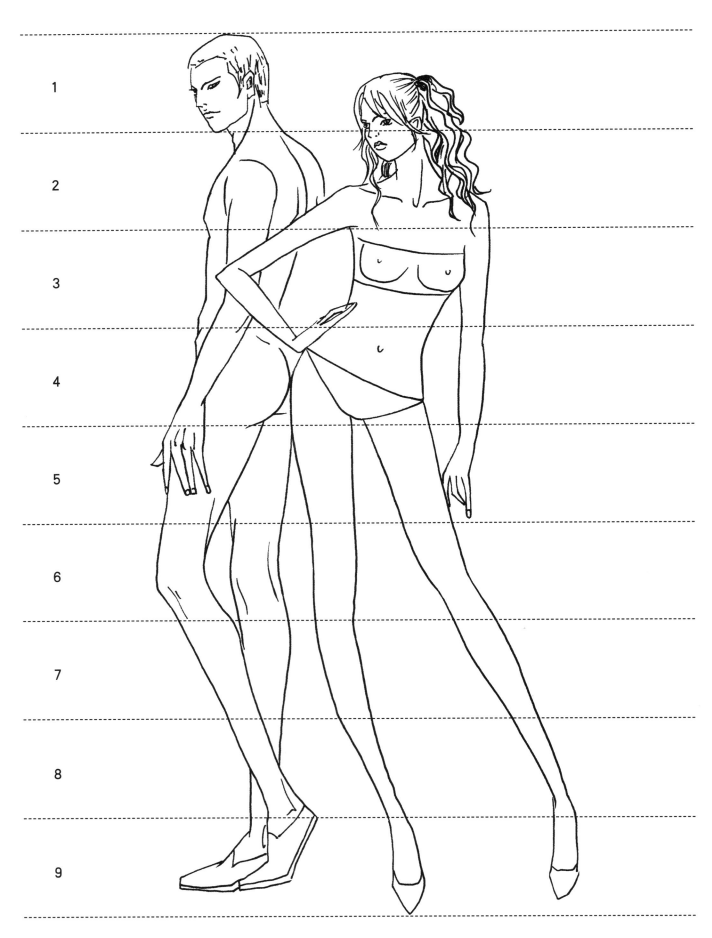

1

2

3

4

5

6

7

8

9

男、女模特身高比例

女模特身高比例

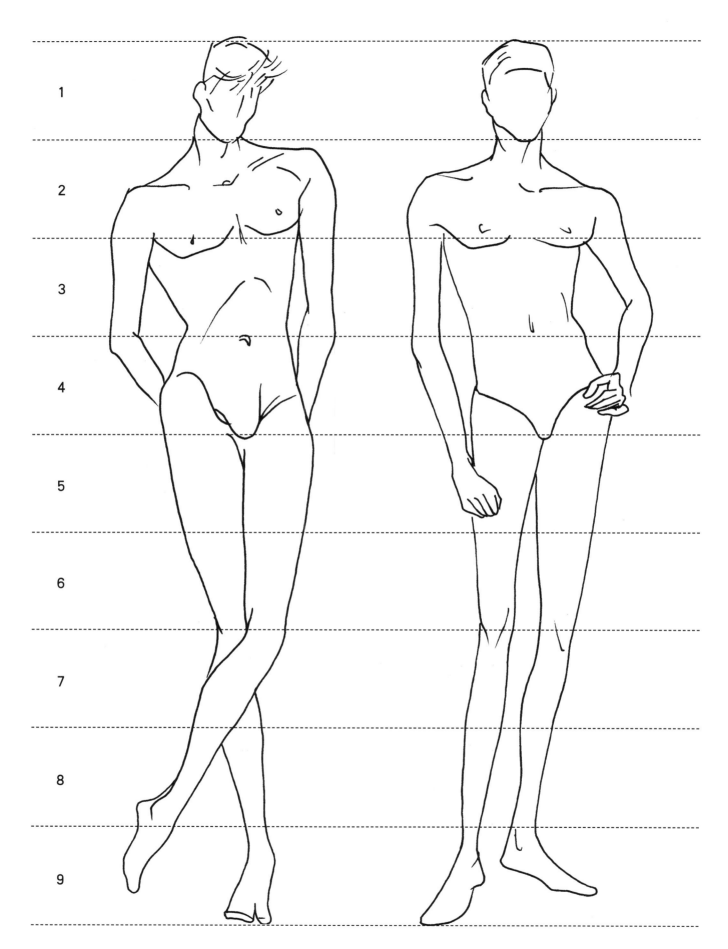

（二）人体结构和动态

　　掌握人体的结构和动态是画好服装效果图的基础。立体地理解人体的体块构成、动态规律，可以帮助我们更好地表现服装模特。

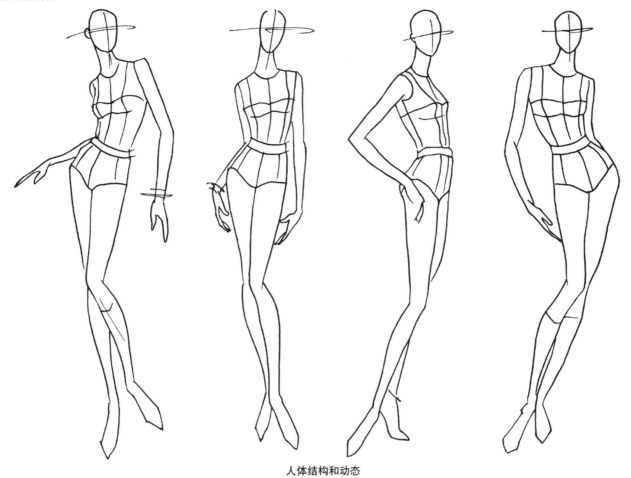

人体结构和动态

　　面对复杂的人体动态变化，我们可以将人体归纳、理解成一些简单的几何形体，如头部是椭圆形，胸廓是长方形，骨盆是梯形，四肢是8段圆柱形等，然后按照人体比例加以排列组合，就会得到一个简单的人体模型了。然后再在这个模型的基础上，进一步增加人体的曲线与几何形体之间的曲线过渡，这样就更容易画出一个较为理想的人体了。

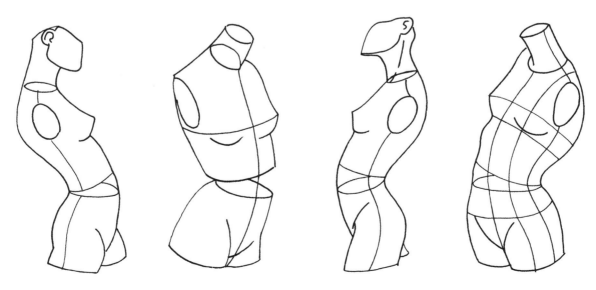

躯干部分结构和动态

三、人体局部的表现

（一）五官的表现

1.眼睛和眉毛的表现

　　眼睛在面部的重要性是不言而喻的。在面部五官当中，眼睛的变化最丰富，这些变化来自于上下眼睑和眼球细微的外形变化与色彩变化，画好眼睛是一幅画面成功的关键。在服装手绘表现中，要画好眼睛，首先要了解眼部的基本结构、内眼角与外眼角的角度、眼球在眼睑下的位置。

　　画眉毛时，要注意眉头与眉梢的形状、眉毛与眼睛之间的角度、眉毛的长度与眼睛的比例。在五官形状、位置不变的情况下，粗眉毛会使人显得男性化，细眉毛会使人显得女性化，所以改变眉毛的形状可以改变人物的气质。

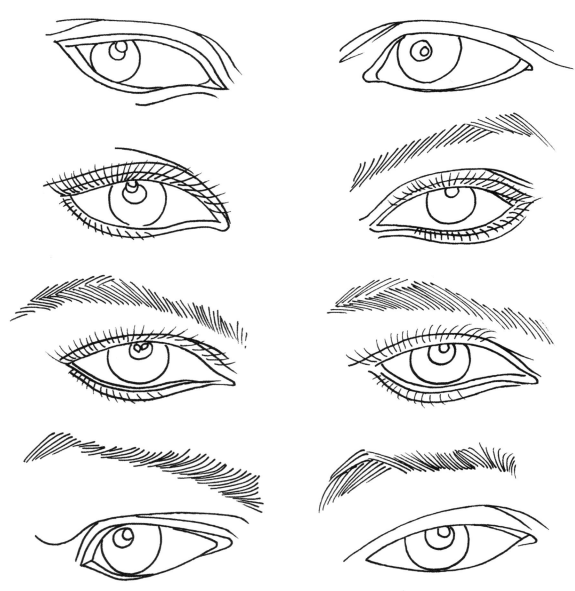

眼睛和眉毛的表现

2.嘴的表现

厚厚的嘴唇是性感和热情的象征，薄薄的嘴唇则有冷峻与高贵的感觉。在面部五官中，嘴唇的动态变化幅度最大，可塑性也非常强，其造型和质感构成了面部化妆的重要因素。嘴唇的基本造型由一条直线和两条弧线组成，即上下唇外侧边缘和口缝，下嘴唇的厚度略厚于上嘴唇。嘴的理想宽度是鼻子宽度的1.5倍，嘴唇的最大宽度不能超过两个瞳孔之间的距离。

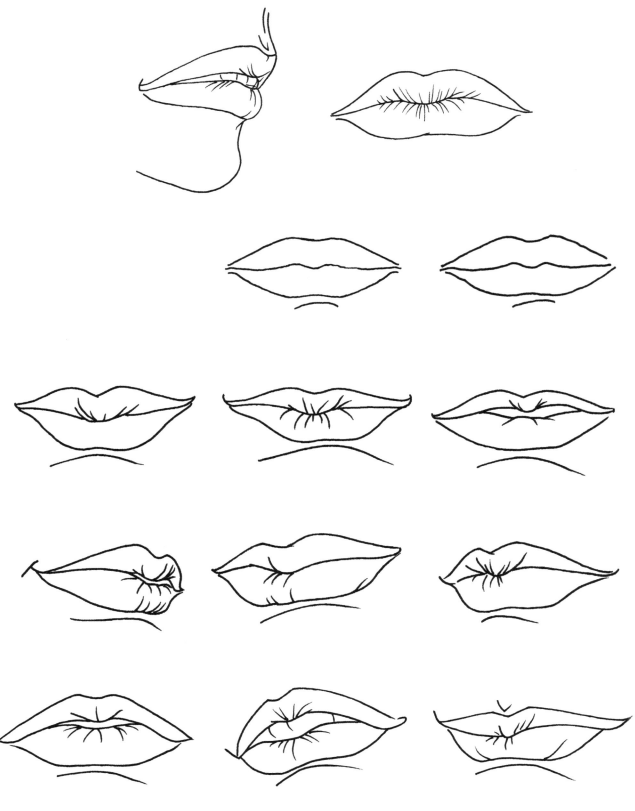

嘴的表现

3.鼻子的表现

在面部五官当中，鼻子的体积感是最强的。在进行服装手绘快速表现时，不必过多地对鼻子进行描绘，只要注意鼻子的形状和比例即可。理想的状态是鼻子在面部的比例要大小适中，鼻尖浑圆，正面角度时看不见鼻孔。画任何角度的鼻子时都要注意鼻头与鼻翼的比例关系，以及鼻孔与鼻中隔的形状。

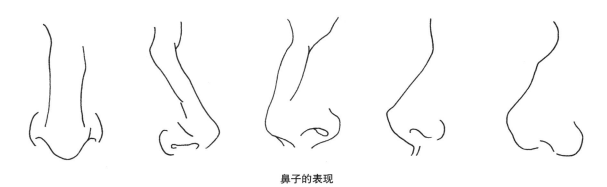

鼻子的表现

4.耳朵的表现

耳朵的形态和结构在五官当中是最复杂的，它包括耳轮、对耳轮、三角窝、耳屏、对耳屏、耳垂等。但在服装效果图的绘制中，只需要简单、概括地把耳朵的基本结构表现出来即可。

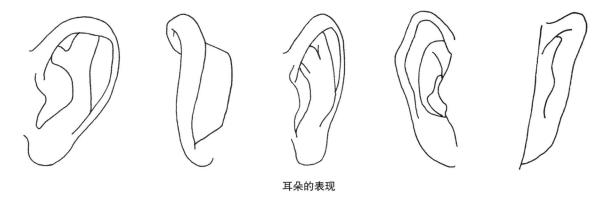

耳朵的表现

5.五官比例

要画好头部，首先要处理好面部五官的比例关系。关于五官比例，中国传统画论中有三停五眼之说。所谓三停是指在面部的长度上，从前额的发际线到眉弓、从眉弓到鼻底、从鼻底到下颏这三个部分的长度比例基本相等。五眼是指从正面看面部的宽度大体上相当于五只眼睛的宽度，即两眼之间、左右外眼角至耳孔均等于一只眼睛的宽度，再加上两只眼睛的宽度。眼睛的宽度是指内眼角到外眼角的宽度，但通常情况下化妆后的眼睛在视觉上会增加高度和宽度，这样会使眼睛看起来更大，更富有表情。

在进行服装手绘快速表现时，五官可以适当地简化，或者符号化，也可以用辅助线代替五官，或者用眼睛和嘴的局部特写以点带面来表现面部。利用辅助线表现的面部给人一种速度感，这样可以节约时间，直接进入设计环节。

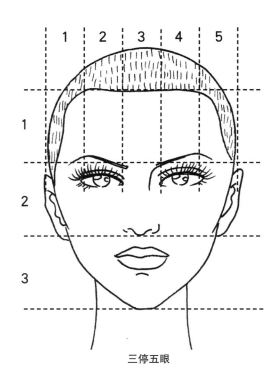

三停五眼

（二）头部的表现

在人物画中，头部的表现是关键，画服装效果图也是如此。除了要画好模特的脸型、发型、五官比例之外，气质、神态特点的表现也很重要，这有助于服装整体风格的表达。在表现面部轮廓时，一定要注意内在的骨骼和肌肉的影响。一条完美的面部轮廓线是建立在头部骨骼和皮下肌肉的基础之上的。

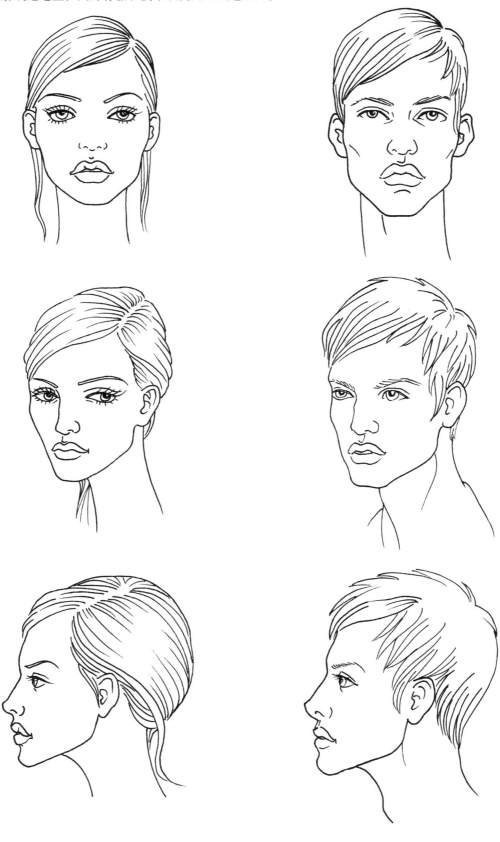

不同角度女模特头部的表现　　　　　　　　　　　　　不同角度男模特头部的表现

女模特头部的表现

女模特头部的表现

　　在画头发时，要先把整个发型看成是一个大的整体，然后再在这个整体当中按照发型大的走向、形状，将发型分成几个区域，接着在每个小的区域里对头发的质感进行进一步的塑造。最后，在额头、鬓角或整体发型的边缘点缀一些零散的发丝，这样会使头发的表现更加生动、自然。

女模特头部的表现

男模特头部的表现

女模特头部的表现

女模特头部的表现

（三）上肢的表现

　　上肢包括上臂和前臂两部分。上臂顶端通过肩关节和肩部相连接，前臂下端通过腕关节与手部相连接，上臂和前臂之间由肘关节连接。要画好上肢动态，就要处理好上臂、前臂与肩、肘、腕的相互关系。

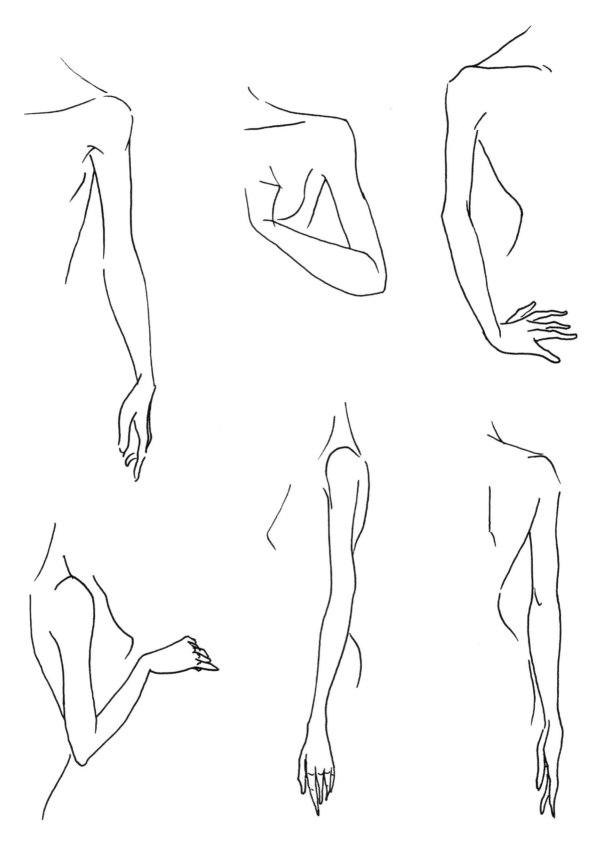

上肢的表现

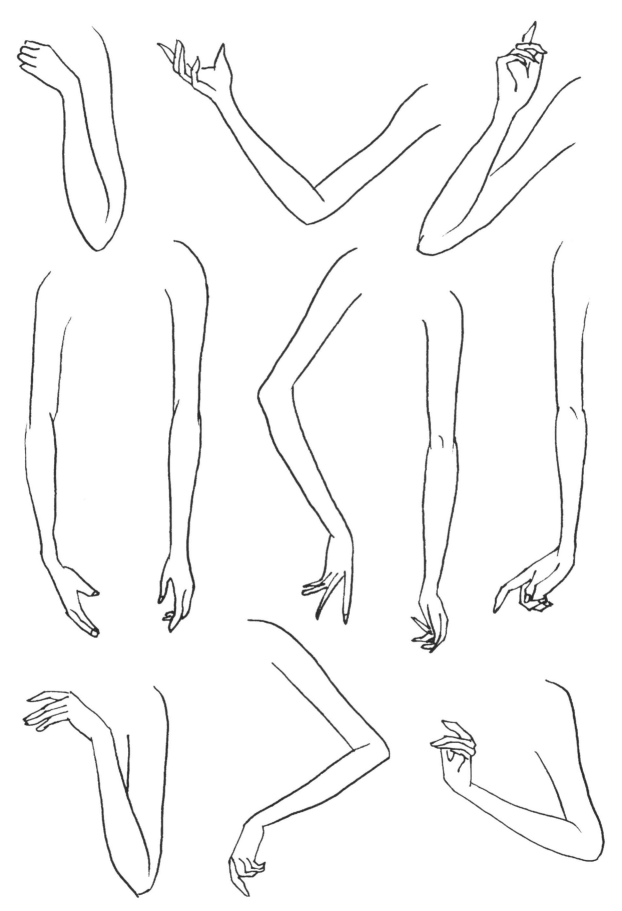

上肢的表现

（四）手的表现

要画好手，就要了解手部的形体结构，包括手指与手掌的关系、各手指之间的关系、关节的运动规律等。画手时要注意两个要点：即手的形状与透视变化、手掌与手腕所形成的角度。画手的动态必须从整体着眼进行分析、研究手腕和手掌最基本的造型，确定手指各个关节的位置，包括各手指尖的位置，最后把它们有机地联系起来。

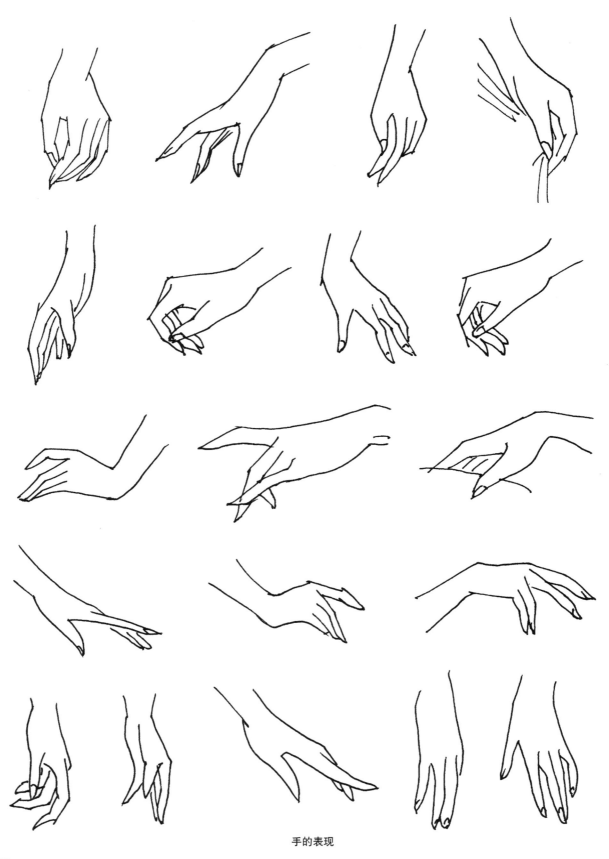

手的表现

（五）下肢的表现

下肢包括大腿和小腿两部分。大腿上端通过髋关节与骨盆连接，小腿下端通过踝关节与脚步连接，大腿和小腿之间由膝关节连接。从正面看，大腿从髋关节至膝盖由外上向内下倾斜，膝关节以下的小腿部分接近垂直状态。大腿和小腿的外侧轮廓线呈上下参差的不对称曲线。从侧面看，大腿前侧轮廓线向前弓，小腿后侧轮廓线向后弯，整体近似一条S形曲线。大腿垂直中线与小腿前面的边缘在一条垂直线上。

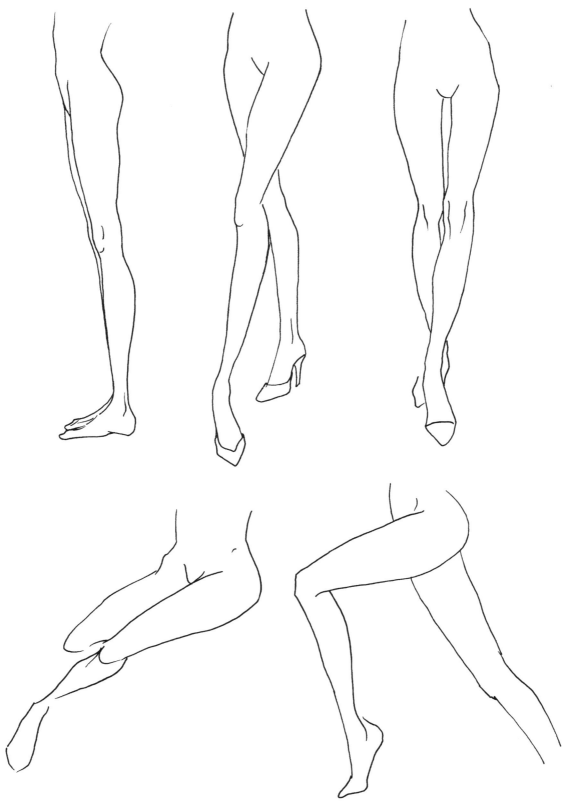

下肢的表现

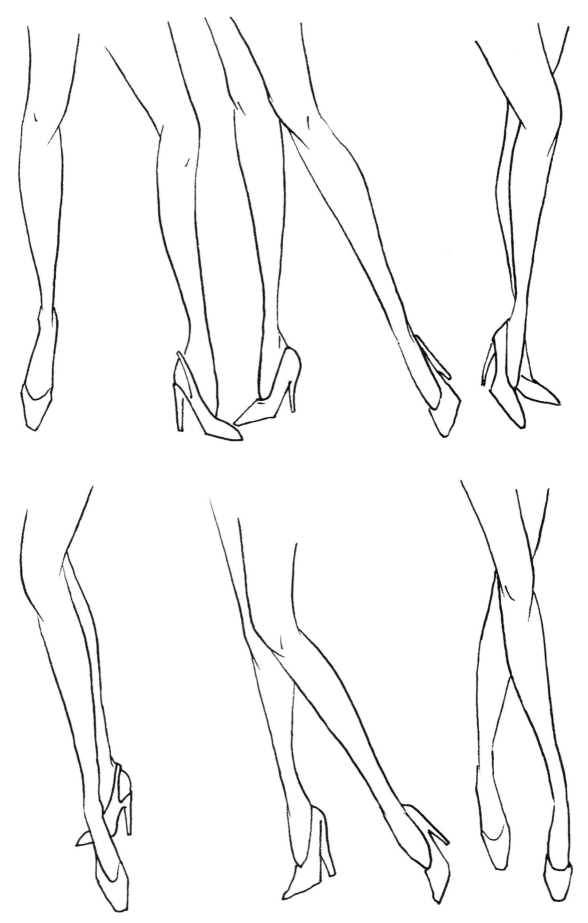

下肢的表现

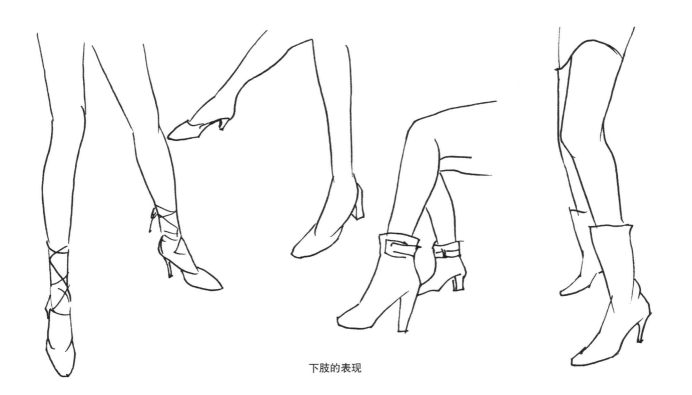

下肢的表现

（六）脚的表现

脚的外形前端脚趾处薄而平，后端脚跟处圆而厚，脚弓处前边高于后边。脚部的运动是通过脚与小腿所形成的角度来体现的，表现时要处理好脚、踝关节和小腿之间的关系。

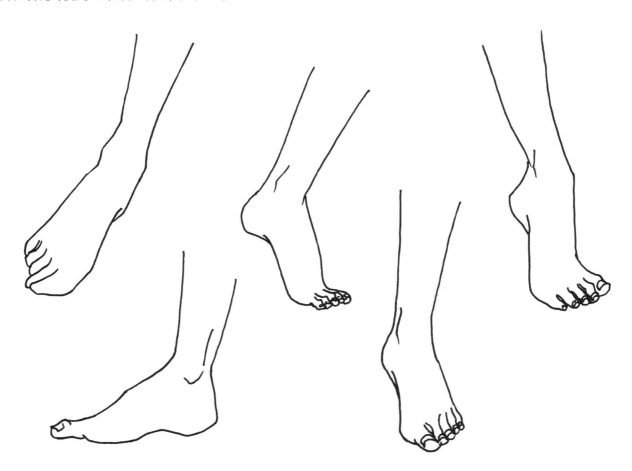

脚的表现（不穿鞋）

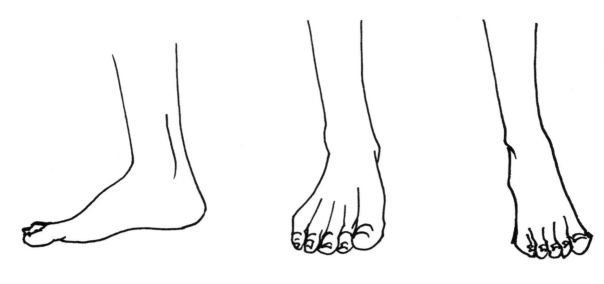

脚的表现（不穿鞋）

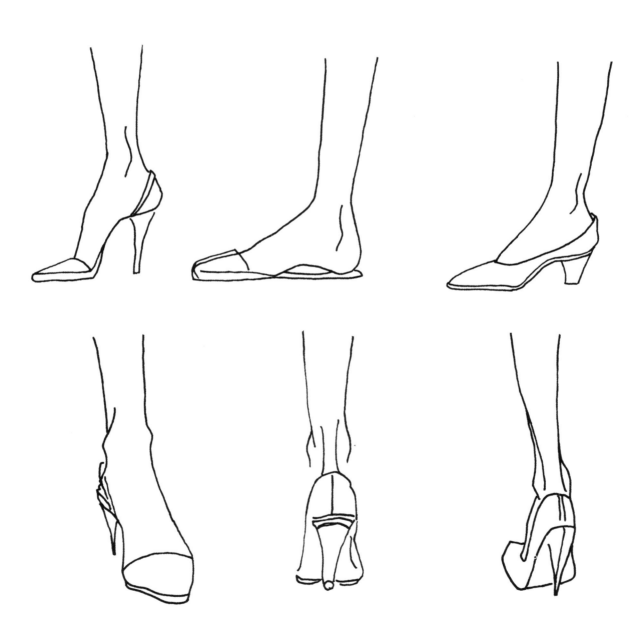

脚的表现（穿鞋）

四、服饰配件线描稿的表现

（一）鞋的表现

不同款式女鞋线描稿的表现

不同款式女鞋线描稿的表现

不同款式女鞋线描稿的表现

（二）包的表现

不同款式女包线描稿的表现

不同款式女包线描稿的表现

不同款式女包线描稿的表现

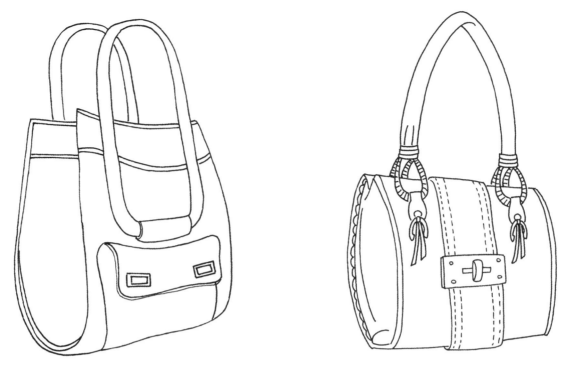

不同款式女包线描稿的表现

（三）眼镜的表现

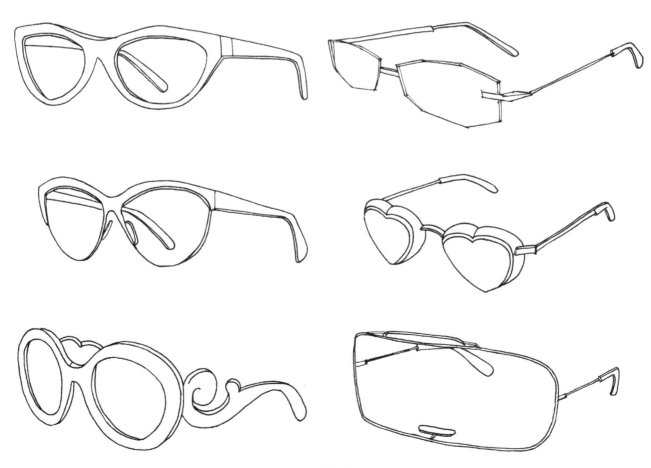

不同款式眼镜线描稿的表现

（四）帽子的表现

不同款式帽子线描稿的表现

带帽子模特头部线描稿的表现

带帽子模特头部线描稿的表现

五、服装局部线描稿的表现

（一）衣领的表现

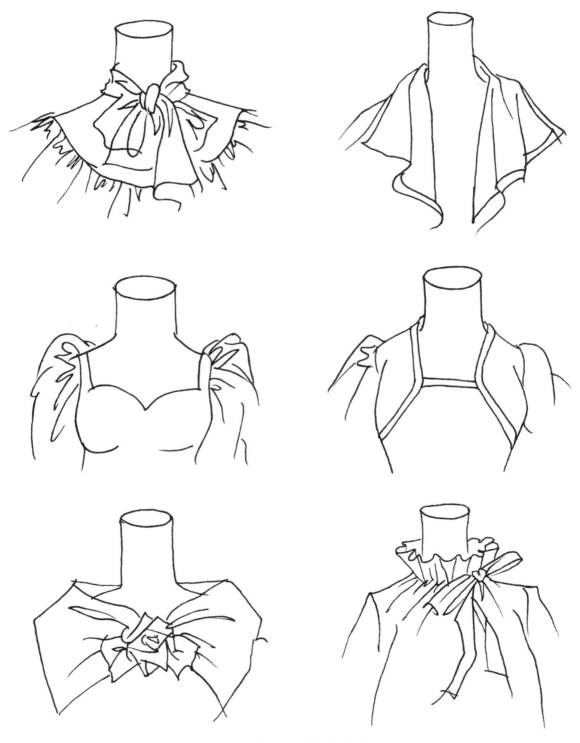

不同款式衣领线描稿的表现

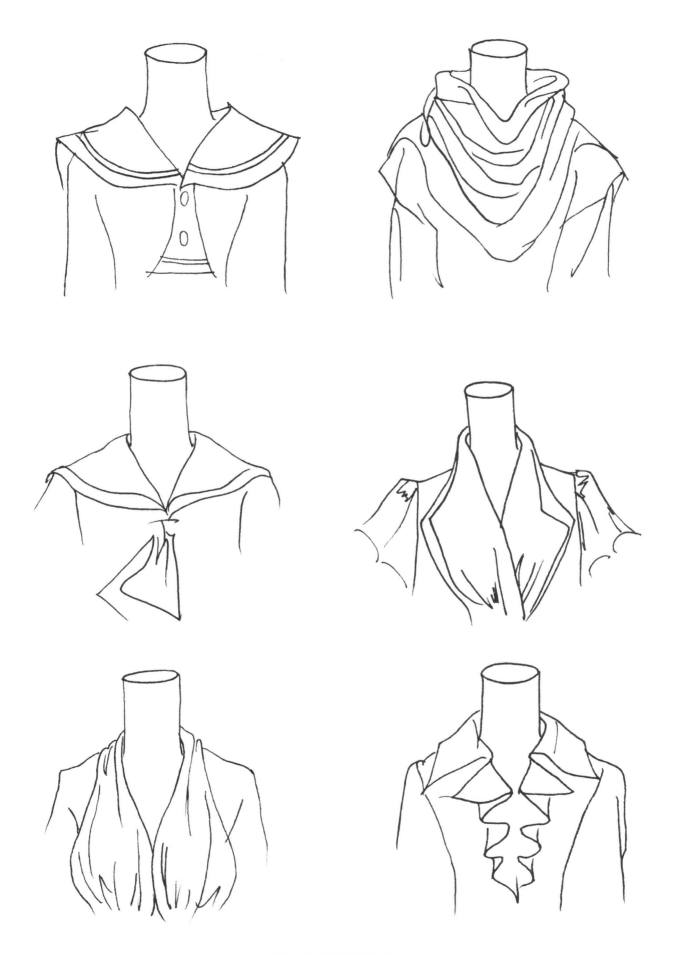

不同款式衣领线描稿的表现

（二）上衣的表现

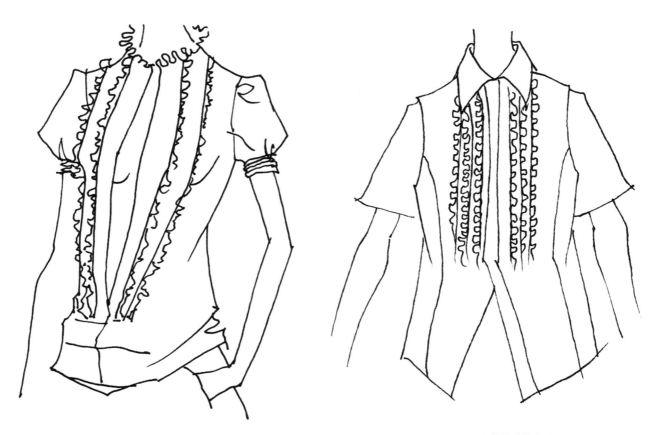

上衣线描稿的表现　　　　　　　　　　　上衣线描稿的表现

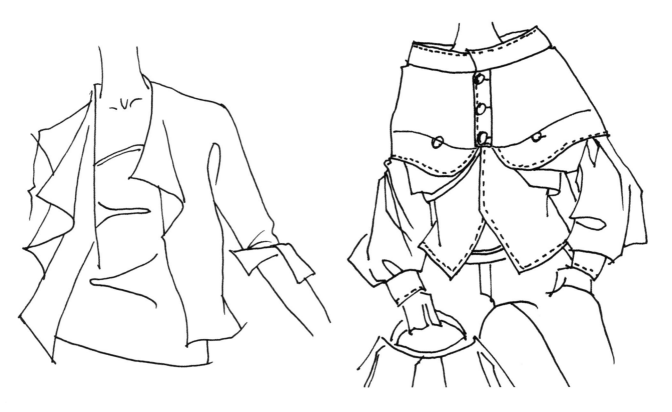

上衣线描稿的表现　　　　　　　　　　　上衣线描稿的表现

（三）T恤的表现

不同款式T恤线描稿的表现

（四）外套的表现

不同款式外套线描稿的表现

（五）套装的表现

不同款式套装线描稿的表现

（六）裙装的表现

不同款式裙装线描稿的表现

裙装线描稿的表现

裙装局部线描稿的表现

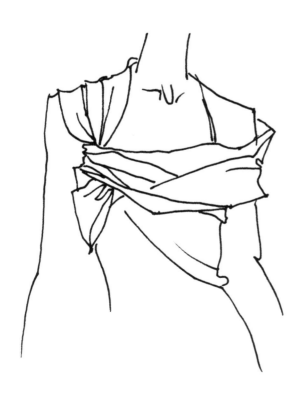

裙装局部线描稿的表现

裙装局部线描稿的表现

裙装局部线描稿的表现

裙装线描稿的表现

裙装线描稿的表现

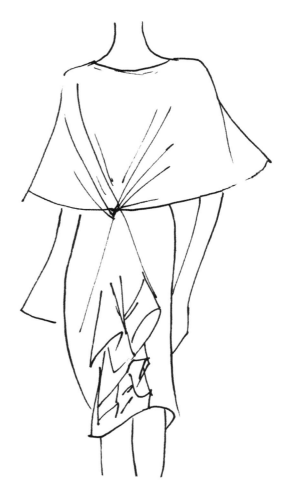

裙装线描稿的表现

（七）毛衣、短裤的表现

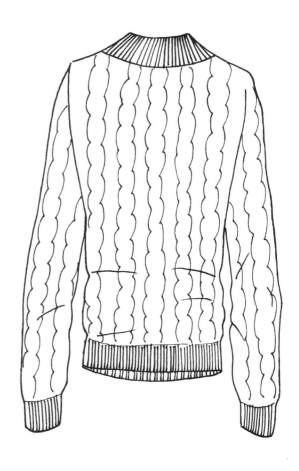

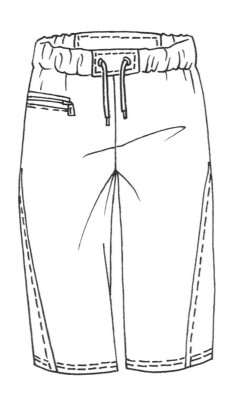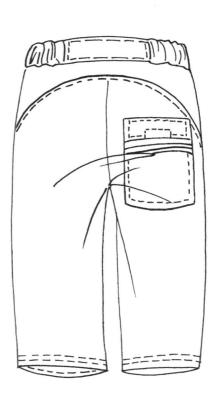

不同款式毛衣、短裤线描稿的表现

（八）风衣的表现

不同款式风衣线描稿的表现

六、服装线描稿的表现

（一）女装线描稿的表现

女装线描稿的表现

女装线描稿的表现

女装线描稿的表现

女装线描稿的表现

女装线描稿的表现

女装线描稿的表现

女装线描稿的表现

男装线描稿的表现

七、服饰配件的着色方法

（一）鞋子的着色方法
1.鞋子的着色方法范例之一

步骤一：用针管笔准确画出鞋子的线描稿，要注意鞋带的穿插关系和鞋底细节的表现。

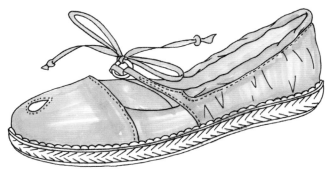

步骤二：然后用浅红色马克笔画出鞋尖部分，用橘黄色马克笔画出后半部分鞋面。

步骤三：用玫瑰红色马克笔加深鞋尖部分，用大红色马克笔加深鞋面的后半部分，用浅灰色马克笔给鞋底着色。

步骤四：最后整体加深鞋面和鞋底部分的颜色，突出鞋子的造型特点。

2.鞋子的着色方法范例之二

步骤一：用针管笔先勾勒出高跟鞋的线描稿，线条要流畅，要表现出鞋子的造型特点。

步骤二：确定鞋子的色彩，然后用浅黄色马克笔整体画出鞋子的颜色。

步骤三：用稍深一些的黄色马克笔沿着鞋子的形体进一步着色，拉开颜色层次。

步骤四：最后用橘红色马克笔强调局部的结构转折关系，以表现鞋子的体积感。

3.鞋子的着色方法范例之三

步骤一：用针管笔画出凉鞋的线描稿，线条要画得流畅、圆顺一些，要注意线条间的穿插关系。

步骤二：确定凉鞋的色彩，然后用浅蓝色马克笔画出鞋带和鞋面，用绿色马克笔画出鞋跟和鞋底。

步骤三：丰富凉鞋的色彩层次，局部加重鞋面、鞋带、鞋底和鞋跟的颜色。

步骤四：进一步加深鞋面、鞋带、鞋底的局部颜色，丰富细节变化，最后用灰色马克笔画出鞋底处的阴影。

4.鞋子的着色方法范例之四

步骤一：用针管笔先画出鞋子的线描稿，要表现出鞋子的造型和装饰特点。

步骤二：确定鞋子的各部位色彩，然后用浅红色马克笔给鞋面着色，用紫色马克笔给鞋底着色。

步骤三：用大红色马克笔给鞋带着色，分别用粉红色和紫色马克笔加深鞋面和鞋底局部。

步骤四：进一步加深、丰富鞋子各部分的色彩层次，使鞋子的造型更加立体、完整。

（二）包的着色方法

1.包的着色方法范例之一

步骤一：先用针管笔画出包的外形，然后再画出包上的装饰，线条要准确、流畅。

步骤二：确定包的色彩，然后用浅红色马克笔概括地画出包的大体颜色。

步骤三：用红色马克笔加重包的局部色彩，要注意对包体积感和质感的表现。

步骤四：用大红色马克笔沿着包的形体转折进一步着色，使色彩更加饱和。

2.包的着色方法范例之二

步骤一：先用针管笔画出包的线描稿，注意要将包的提手、拉链等装饰细节表现准确、到位。

步骤二：确定包的各部位色彩，然后用浅黄色马克笔画出包的大体颜色。

步骤三：用中黄色马克笔加重包的颜色，用橘黄色马克笔加重侧面装饰部分的颜色。

步骤四：用中黄和橘黄色马克笔进一步调整、丰富包的色彩效果，并用灰色马克笔画出阴影。

3.包的着色方法范例之三

步骤一：先用针管笔画出包的造型，线条要流畅，要表现出包的细节特征。

步骤二：用浅红色马克笔给包的主体部分着色，用黄色马克笔给装饰环着色。

步骤三：用大红色马克笔局部加深包的颜色，要表现出包的明暗层次和结构转折关系。

步骤四：进一步加深包的颜色，要强调包的体积感和质感，最后用纵向的排线画出包上的装饰纹理。

4.包的着色方法范例之四

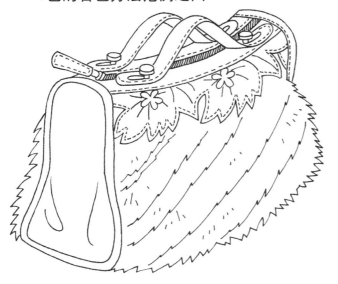

步骤一：先用针管笔画出包的线描稿，注意要表现出包的材料质地和装饰特点。

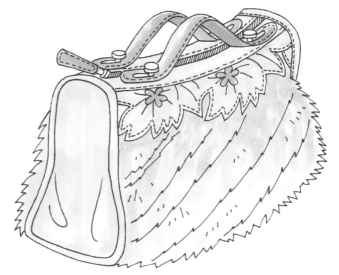

步骤二：确定包的各部分色彩，然后用浅绿色和浅蓝色马克笔概括地画出包的大体颜色。

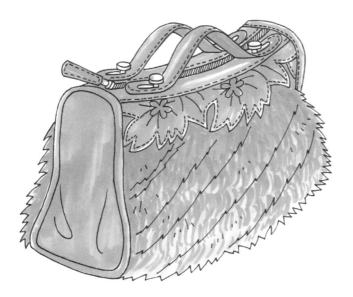

步骤三：用翠绿色马克笔加重包的装饰和侧面部分，用蓝绿色马克笔加重包的正面颜色。

步骤四：进一步局部加重包的颜色，要注意用笔的变化，以突出不同部位的质感特点。

5.包的着色方法范例之五

步骤一：先用针管笔画出包的外形，注意要表现出包的造型特点。

步骤二：用浅蓝色马克笔给包的主体部分着色，用浅绿色马克笔给包带着色，用灰色马克笔画出金属装饰链。

步骤三：继续用绿色马克笔给包和包带着色，用蓝绿色马克笔给包流苏状的装饰花边着色。

步骤四：进一步加深包的局部颜色，使包的体积感和质感特征得到加强。

6.包的着色方法范例之六

步骤一：先用针管笔画出提包的外形，用笔要流畅、圆顺，细节部分要画得准确、到位。

步骤二：用浅紫色马克笔画出包的大体颜色，用大红、橘红和黄色马克笔画出包带和局部装饰。

步骤三：用浅紫色马克笔加深包的颜色，要注意表现出包的体积感。

步骤四：进一步加深、丰富包的色彩层次变化，使各部位的不同质感得到更好的表现，使造型更加完整。

八、服装的着色方法

（一）内衣的着色方法

1.内衣的着色方法范例之一

步骤一：
先用针管笔画出模特的外形及内衣的线描稿，内衣上的花纹及细节变化要完整地表现出来。

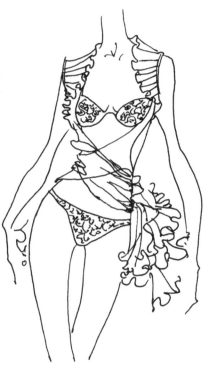

步骤二：
确定服装的色彩，然后用不同蓝色的马克笔概括地画出其大体颜色。

步骤三：
进一步丰富色彩层次，加深局部色彩，使内衣的款式特点表现得更加充分。

步骤四：
最后画出皮肤的颜色。先整体地画一遍稍浅色，然后再加重暗部颜色，以强调体积感。

2.内衣的着色方法范例之二

步骤一：用针管笔画出模特的外形及衣服的线描稿，人体的动态及服装的细节要画准确。

步骤二：用黄绿色和橘红色马克笔画出内衣的大体颜色，要顺着衣纹的走势用笔。

步骤三：逐步沿着衣服的形体结构加深颜色，拉开颜色的层次变化，用绿色马克笔画出手镯的颜色。

步骤四：进一步着色，要表现出内衣的细节变化。最后给模特的皮肤着色，暗部要用深色加以强调。

（二）生活装的着色方法

1.生活装的着色方法范例之一

步骤一：首先用针管笔画出女孩挺直的站姿及服装的轮廓，然后画出五官和裙子上的图案。

步骤二：用紫色马克笔给裙子着色，用黄色马克笔给头发与鞋子着色，然后再画出皮肤的色调。

步骤三：加重裙子、头发和鞋子的颜色，用红色马克笔画出头发上配饰的颜色，要注意整体色调深浅的变化。

步骤四：最后加深腿部和头发的颜色，并用红色马克笔点出裙子上的花纹。

2.生活装的着色方法范例之二

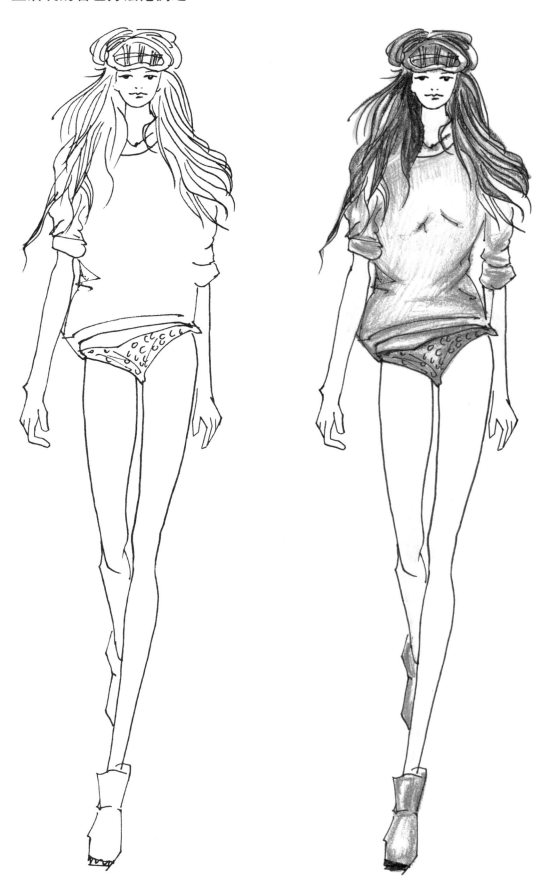

步骤一：用针管笔画出模特的动态及衣服的轮廓，要
表现出模特的发型和服装、鞋子的造型特点。

步骤二：先用绿色、红色彩铅画上衣、鞋子和短裤，
再用黄色、褐色画头发，最后用红色画出前额处的眼罩。

步骤三：先用绿色彩铅加深衣服的颜色，然后再用红色彩铅加深短裤的颜色，接着再用橙色画出嘴唇的颜色。

步骤四：最后铺出面部和身体皮肤的色调，并加深头发、服装和鞋子的颜色。

3.生活装的着色方法范例之三

步骤一：先用针管笔画出模特的动态及衣服的轮廓，然后再画出服装上的图案，最后画出眼镜和鞋子。

步骤二：用马克笔分别上出黄色的头发、紫色的上衣、红色的短裙、绿色的鞋子和灰色的丝袜。

步骤三：进一步加深、丰富紫色上衣和红色裙子的层次变化，用黑色马克笔给腰带着色。

步骤四：加深头发、腿部和鞋子的颜色，画出脸部和手部的颜色，最后用绿色马克笔画出手包。

4.生活装的着色方法范例之四

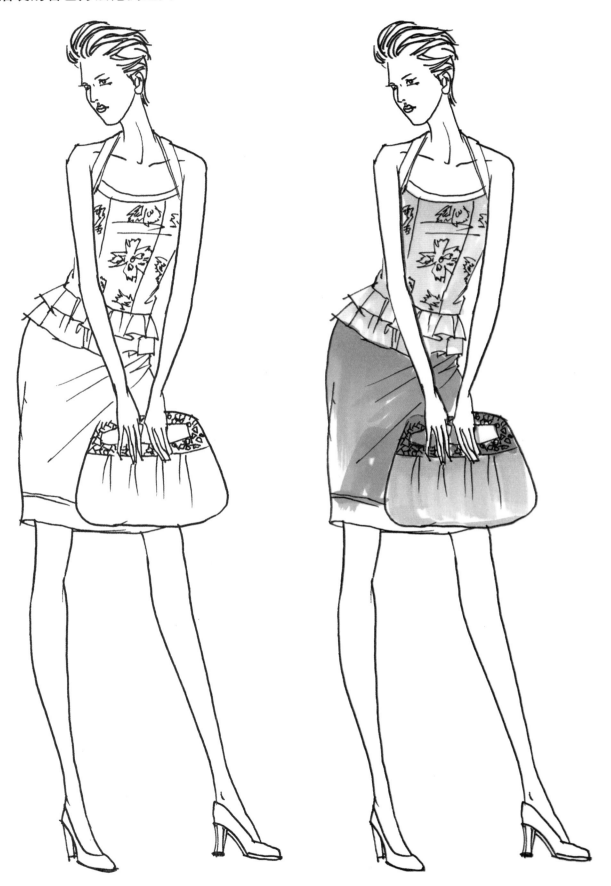

步骤一：先用针管笔画出模特的动态及服装的轮廓，然后画出上衣和包上的花纹。

步骤二：用红色马克笔给上衣着色，用绿色马克笔给短裙着色，用黄色和红色马克笔给包着色。

步骤三：用咖啡色马克笔给头发着色，然后再画出面部和身体皮肤的颜色。

步骤四：用紫色马克笔给鞋子着色，加重皮肤、包及服装的颜色，最后点出上衣上的花纹。

步骤一：先用针管笔画出模特的外形及服装的轮廓，然后画出衣服上的细节。

步骤二：用浅色马克笔分别给服装、皮肤、头发和鞋子着色，画出红色的手包，初步确定大的色彩关系。

步骤三：进一步给服装、头发和皮肤着色，逐步拉开画面上的色彩层次。

步骤四：深入刻画模特和服饰的细节特征，要表现出服装的款式特点。最后给五官着色。

6.生活装的着色方法范例之六

步骤一：用针管笔勾出模特的动态及衣服的轮廓，颈部的配饰要仔细地表现出来。

步骤二：用灰色马克笔给服装、帽子着色，然后再画出蓝紫色的腰带和手套、粉红色的丝袜及蓝色的鞋子。

步骤三：给面部和双臂的皮肤着色，然后再加深服装和丝袜局部的颜色。

步骤四：最后整体加重各部位的色调，使画面上的形色关系更加完整。

7.生活装的着色方法范例之七

步骤一：先用针管笔画出模特的外形及服装的轮廓，然后再画出底衫上的纹样和短裙上的褶皱。

步骤二：分别用不同颜色的马克笔给服装着色，初步确定画面大的色彩关系。

步骤三：用灰色马克笔画出裤子的颜色，加深、丰富
服装和鞋子的色彩层次。

步骤四：加深局部颜色，注意细节的刻画，深入表现
服装的款式。最后给五官着色，使画面更完整。

8.生活装的着色方法范例之八

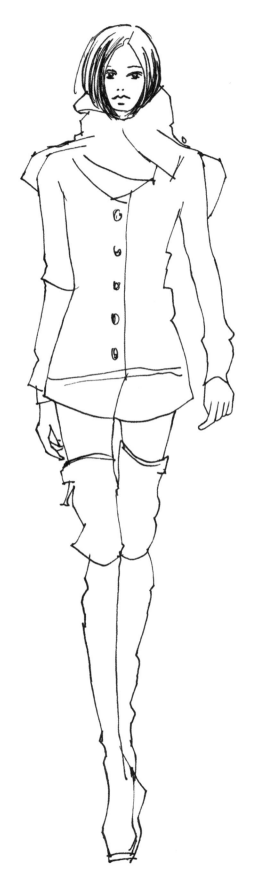

步骤一：用针管笔画出模特的外形及服装的轮廓，要
表现出服装的款式特点，为着色做好准备。

步骤二：用彩色铅笔绘制出服装的大体色调，要拉开
画面上大的明暗关系。

步骤三：沿着服装的结构走势加深颜色，要注意颜色的层次过渡，要表现出在内人体的体积感。

步骤四：进一步刻画画面上的细节，丰富颜色，画出面部和双腿上的红色、紫色。

9.生活装的着色方法范例之九

步骤一：用针管笔画出模特的外形及服装的轮廓，注意模特动态和服装的整体关系要得当。

步骤二：用红色、黄色和绿色马克笔给上衣着色，用灰色马克笔给裙子着色。

步骤三：按着裙子的结构走势逐步加深颜色，要拉开色彩上的层次对比。

步骤四：画出模特面部和身体的肤色。最后画出头发、手镯和鞋子的颜色。

（三）礼服的着色方法

1.礼服的着色方法范例之一

步骤一：用针管笔画出模特外形及礼服的轮廓，然后再画出礼服的褶皱，要注意褶皱线条的前后重叠、穿插关系。

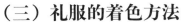

步骤二：用蓝色彩铅绘制出礼服的大体色调，要根据衣纹走势及模特动态表现出一定的体积感，要有明暗层次上的变化。接着再画出皮肤的颜色。

步骤三：进一步着色，在把握好画面整体效果的基础上，丰富服装上的细节变化。

步骤四：进一步加深礼服的暗部色调，并调整画面整体关系，使礼服效果表现得更完整。

2.礼服的着色方法范例之二

　　步骤一：首先用针管笔勾勒出模特及服装的轮廓，然后画出头发和五官，最后画出服装上的配饰。

　　步骤二：用黑色彩色铅笔画出头发的颜色，用红色彩色铅笔整体给服装和鞋子着色。

步骤三：沿着服装的形体结构逐步加深颜色，拉开明度层次，然后再加深头发，并淡淡地画出皮肤的颜色。

步骤四：进一步丰富、加深服装和皮肤的颜色，要注意对细节的刻画，要表现出服装的特点。

3.礼服的着色方法范例之三

步骤二：先用红色马克笔给服装着色，要注意线条的
走势，然后淡淡地铺出皮肤的大体色调。

步骤一：用针管笔画出模特的外形及服装的轮廓，要
注意模特的动态和衣纹的特点。

步骤四：用深红色马克笔加深服装的局部，拉开色彩的明暗层次。最后给头发和鞋子着色，将画面效果表现得更完整一些。

步骤三：用红色马克笔进一步给服装着色，然后画出皮肤上的深颜色。

4. 礼服的着色方法范例之四

步骤一：先用针管笔画出模特的外形及礼服的轮廓，然后用密集的线条表现礼服的质地和空间层次。

步骤二：先用深灰色马克笔先整体画出礼服的颜色，然后再用深蓝色马克笔画出裙摆的颜色。

步骤三：用不同颜色的马克笔画出头发、皮肤、长筒袜和鞋子的颜色。

步骤四：画出皮肤暗部的颜色，然后再加深礼服的颜色，要突出礼服的蓬松感。

5.礼服的着色方法范例之五

步骤一：用针管笔画出模特外形及礼服的轮廓，头发和裙摆处可用重复的线条加以强调。

步骤二：用彩色铅笔画出礼服和模特头发、皮肤的大体颜色，用色要干净、透明，色彩关系要协调、统一。

步骤三：加深、丰富礼服和模特头发的颜色层次，要把握整体关系，突出画面上的色彩对比。

步骤四：进一步加深礼服和头发的颜色，完善模特的形象和画面的整体效果。

步骤一：用针管笔画出模特的外形及礼服的轮廓，注意线条要流畅、飘逸，模特结构、动态要准确。

步骤二：用蓝色马克笔铺出礼服的颜色，要按着衣纹的走势运笔，要表现出模特行走时礼服的舞动感。

步骤三：用绿色马克笔进一步丰富礼服的颜色，下摆可运用点状笔触，接着再画出腰带、鞋子、头发和皮肤的颜色。

步骤四：进一步增加裙摆处的色点，然后加深头发和皮肤的颜色，并画出面部的颜色。

7.礼服的着色方法范例之七

步骤一：用针管笔画出模特的外形及礼服的轮廓，注意模特与礼服的整体关系要得当，要抓住礼服的款式特点与模特的动态特征。

步骤二：先用彩色铅笔画出模特的头发、皮肤及礼服暗部的大体色调，然后再画出头饰、嘴唇和眼影的颜色。

步骤三：加深头发的颜色。用灰色彩色铅笔进一步给
礼服的暗部着色，要表现出礼服的体积感。

步骤四：进一步丰富、加深礼服的颜色层次，要注意
对细节的刻画，要表现出礼服的款式特点。最后加深皮肤
的颜色，使画面更加完整。

8.礼服的着色方法范例之八

步骤一：用针管笔画出模特的外形及礼服的轮廓，注意模特与衣服的整体关系要得当。

步骤二：用彩铅画出头发、皮肤及礼服的大体颜色，这一步颜色要淡，色彩关系要协调。

步骤三：用黑色、紫色和蓝色彩色铅笔给礼
服着色，要表现出礼服的体积感和质感。

步骤四：进一步加深画面的整体色调，礼服
下半部的色彩要既丰富又统一。

步骤二：用紫色彩色铅笔沿着礼服的
结构画出大体颜色，用蓝色彩色铅笔画出
礼服上花朵形装饰的颜色。这一步要从整
体入手，色彩要协调、统一。

步骤一：用针管笔画出模特的外形及
衣服的轮廓，服装的款式、结构要清晰，
要注意线条的疏密变化。

步骤四：进一步丰富、加深画面的整体色彩，深入表现礼服上的细节特征，使整体效果和谐、统一。

步骤三：沿着礼服的结构进一步着色，拉开色彩层次，再用紫色彩色铅笔给头发着色。

（四）系列服装的着色方法

1.系列服装的着色方法范例之一

步骤一：先用针管笔画出模特的外形及服装大的轮廓、结构，然后再画出服装的图案、衣纹等细节。

步骤二：用蓝绿色马克笔画出衣服的大体颜色，笔触间的过渡要自然、柔和。

步骤三：用黄绿色马克笔丰富服装的色彩，再画出头发和皮肤的颜色。

步骤四：进一步着色，加深头发、皮肤的颜色。最后用红色马克笔画出鞋子。

2.系列服装的着色方法范例之二

步骤一：用针管笔画出模特的外形及服装的轮廓，注意线条要准确，服装的款式、结构要清晰。

步骤二：用红色马克笔画出服装的大体颜色，注意不要完全涂满，要适当留白。

步骤三：接着用紫色马克笔给模特的头发着色，用浅黄色马克笔给模特的皮肤着色。

步骤四：进一步加深、丰富画面上的色彩层次，要注意对细节的刻画。在把握好服装色彩和材质特征的基础上，强调服装的款式特点，使画面更加完整。

作品欣赏

后记

　　本书侧重于服装手绘快速表现技法的介绍，围绕服装手绘快速表现这一主题，系统地介绍了服装手绘概述，人体的比例、结构和动态，人体局部的表现，服饰配件线描稿的表现，服装局部线描稿的表现，服装线描稿的表现，服饰配件的着色方法，服装的着色方法和作品欣赏等内容。本书图文并茂，具有内容丰富、信息量大、专业特色强等特点，特别适合学习服装设计的初、中级水平的读者，以及准备进入艺术类院校服装设计专业学习的考生学习。

　　本书在编写过程中得到了晁清、邹晨等同志的大力支持，在此深表谢意。由于时间紧迫，工作量大，再加之作者水平有限，不足之处在所难免，恳请广大读者批评指正。

作者

2017年5月

图书在版编目（CIP）数据

服装手绘快速表现／薛洁，张恒国编著；陈鑫主编．—北京：中国纺织出版社，2017.7（2019.3重印）

ISBN 978-7-5180-3546-5

Ⅰ．①服… Ⅱ．①薛… ②张… ③陈… Ⅲ．①服装设计-绘画技法 Ⅳ．①TS941.28

中国版本图书馆CIP数据核字（2017）第089817号

策划编辑：胡　姣　　　　责任印制：王艳丽
版式设计：胡　姣

中国纺织出版社出版发行

地址：北京市朝阳区百子湾东里A407号楼　邮政编码：100124

销售电话：010—67004422　传真：010—87155801

http://www.c-textilep.com

E-mail：faxing@c-textilep.com

中国纺织出版社天猫旗舰店

官方微博http://weibo.com/2119887771

北京华联印刷有限公司印刷　各地新华书店经销

2017年7月第1版　2019年3月第2次印刷

开本：889×1194　1/16　印张：7.5

字数：122千字　定价：39.80元